サイパー思考力算数練習帳シリーズ
シリーズ４７
体 積 下　容 積

体積の応用問題：容積、不規則な形のものの体積、容器に入る水の体積

小数範囲：小数の四則計算が正確にできること
　　　　体積の基礎が理解できていること
　　　　逆算ができること

◆　**本書の特長**

1、図形の一分野である「体積」　　　　　　　　　　　　詳しく説明しています。

2、自分ひとりで考えて解ける　　　　　　　　　　　　　他のサイパー思考力算数練習帳と
　　同様に、**教え込まなくても学**　　　　　　　　　　ています。

3、容積、水の体積を利用した不規則な形のものの体積、容器に入る水の体積、および応用問題まで
　　詳しく説明しています。単位は cm（センチメートル）、㎠（平方センチメートル）、㎤（立方セン
　　チメートル）を用いています。L（リットル）など他の単位や、単位換算については、シリーズ
　　３３「単位の換算　中」で学習して下さい。

◆　**サイパー思考力算数練習帳シリーズについて**

　　ある問題について同じ種類・同じレベルの問題をくりかえし練習することによって、確かな定着が
　　得られます。

　　そこで、中学入試につながる文章題について、同種類・同レベルの問題をくりかえし練習すること
　　ができる教材を作成しました。

◆　**指導上の注意**

①　解けない問題、本人が悩んでいる問題については、お母さん（お父さん）が説明してあげて下さい。
　　その時に、できるだけ具体的なものにたとえて説明してあげると良くわかります。

②　お母さん（お父さん）はあくまでも補助で、問題を解くのはお子さん本人です。お子さんの達成
　　感を満たすためには、「解き方」から「答」までの全てを教えてしまわないで下さい。教える場合
　　はヒントを与える程度にしておき、本人が自力で答を出すのを待ってあげて下さい。

③　お子さんのやる気が低くなってきていると感じたら、無理にさせないで下さい。お子さんが興味
　　を示す別の問題をさせるのも良いでしょう。

④　丸付けは、その場でしてあげて下さい。フィードバック（自分のやった行為が正しいかどうか評
　　価を受けること）は早ければ早いほど、本人の学習意欲と定着につながります。

もくじ

容積の基礎

例題１、右の図のような、どこも厚さ１cm の板でつくられたマスに水をいっぱいまで入れた時、水の体積はいくらでしょうか。

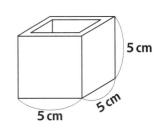

水は、内側の部分にしか入りませんから、内側の体積を求めなければなりません。

内側の部分は、外から見た大きさより、板の分だけ小さいはずです。内側の長さを考えましょう。

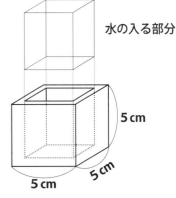

水の入る部分

上から見ると

横 たて

右側から見ると

高さ

5cm

5cm

5cm

※以下、断りのない限り、面は長方形・正方形、立体は直方体・立方体あるいはそれらを組み合わせたもの。辺と辺の交わる角度は９０°です。

正面から見ると

高さ

上から見た図から分かるように、内側の部分の横の長さは、５cm よりも左右の板２枚分短いことがわかります。同じくたての長さも５cm より板２枚分短くなっています。

右側あるいは正面から見た図からわかるように、内側の部分の高さは、５cm よりも板１枚分だけ短い長さです。

したがって、内側の部分の横の長さは

$$5cm － 1cm × 2 = 3cm$$

たての長さもよこと同じなので　３cm

容積の基礎

内側の部分の高さは

$$5\,cm - 1\,cm = 4\,cm$$

内側の部分の体積は

$$3\,cm \times 3\,cm \times 4\,cm = 36\,cm^3$$

答、＿＿＿＿＿＿３６＿＿＿ ㎤

　このような、内側に水などの入る部分の体積のことを　**容積**（ようせき）　といいます。また容積の各部の長さ（内側の横、たて、高さの長さ）のことを　**内法**（うちのり）　といいます。

　先の問題のマスでいうと、　**内法は横３cm・たて３cm・高さ４cm**　で、**容積は３６㎤**　ということになります。

例題２、右図のような、どこも１cmの厚さの板で
**　作られた円柱形の入れ物の容積を求めましょう。**
**　（円周率は３.１４で計算します。以下同じ）**

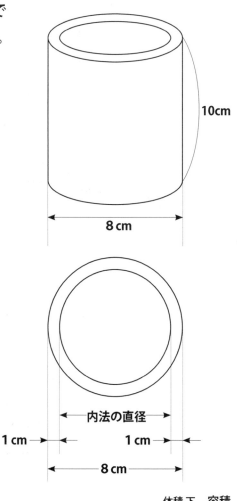

　内法を求めて、容積を求めます。

　内法の底面の半径は

$$8\,cm - 1\,cm \times 2 = 6\,cm \cdots 直径$$
$$6\,cm \div 2 = 3\,cm$$

　内法の高さは

$$10\,cm - 1\,cm = 9\,cm$$

　容積の部分の形も円柱です。円柱の体積は
　　底面積×高さ　でしたね。（ここの部分が
まだわからない人は「シリーズ４６　体積 上」
を先に学習して下さい）

容積の基礎

容積は

$$3\,cm \times 3\,cm \times 3.14 \times 9\,cm$$
$$= 254.34\,cm^3$$

答、___254.34___ cm³

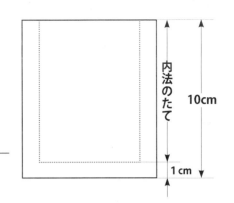

問題1、どこも厚さ1cmの板で作られた直方体・円柱形の容器の、容積を求めなさい。

①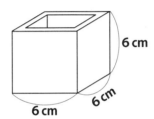

式

答、_____ cm³

②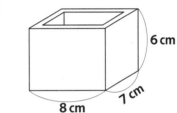

式

答、_____ cm³

③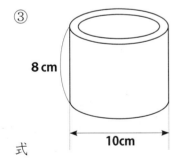

式

答、_____ cm³

④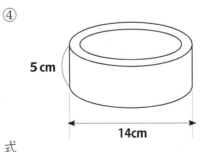

式

答、_____ cm³

不規則な形のものの体積

不規則な形のものの体積は、そのものを水の中に入れて、増えた水の体積をはかることでわかります。

例題３、下の図のような水の入った直方体の容器（厚さは考えない）に、不規則な形をした石を入れたところ、入れる前に比べて水面が２cm 上がりました。このとき、石の体積は何㎤でしょうか。

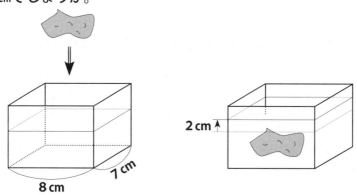

上がった２cm 分の水の体積が、ちょうど石の体積と等しくなります。

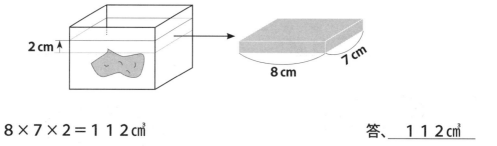

８×７×２＝１１２㎤   答、＿＿１１２㎤＿＿

例題４、下の図のような水がぎりぎりいっぱいまで入った直方体の容器（厚さは考えない）に、不規則な形をした石を入れたところ、水がこぼれ、その水の体積をはかると１５０㎤でした。このとき、石の体積は何㎤でしょうか。

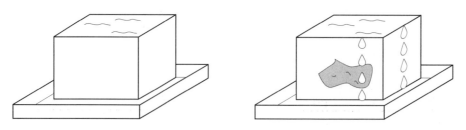

不規則な形のものの体積

こぼれた１５０㎤分の水の体積が、ちょうど石の体積と等しくなります。

答、__１５０㎤__

例題５、下の図のような、ふちの上から１cmのところまで水の入った直方体の容器（厚さは考えない）に、不規則な形をした石を入れたところ、水がこぼれ、その水の体積をはかると６０㎤でした。このとき、石の体積は何㎤でしょうか。

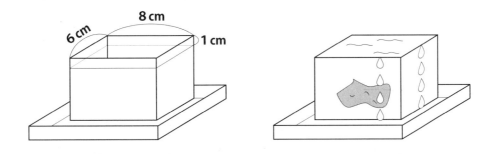

　上がった１cm分の水の体積と、こぼれた６０㎤分の水の体積を合わせた分が、ちょうど石の体積と等しくなります。

$$8×6×1＝48㎤ \qquad 48＋60＝108㎤$$

答、__１０８㎤__

問題２、下の図のような水の入った直方体の容器（厚さは考えない）に、不規則な形をした石を入れたところ、入れる前に比べて水面が３cm上がりました。このとき、石の体積は何㎤でしょうか。

式

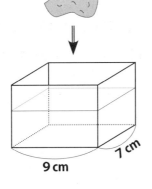
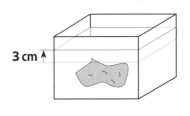

答、_____㎤

不規則な形のものの体積

問題3、下の図のような、ふちの上から２cmのところまで水の入った直方体の容器（厚さは考えない）に、不規則な形をした石を入れたところ、水がこぼれ、その水の体積をはかると６０㎤でした。このとき、石の体積は何㎤でしょうか。

式

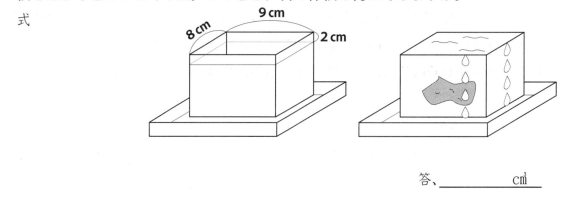

答、＿＿＿＿＿＿＿㎤

問題4、下の図のような水の入った直方体の容器（厚さは考えない）に、１６４㎤の石を入れたところ、水がこぼれ、その水の体積をはかると２０㎤でした。初め、水面は容器のふちの上から何cmのところでしたか。

式

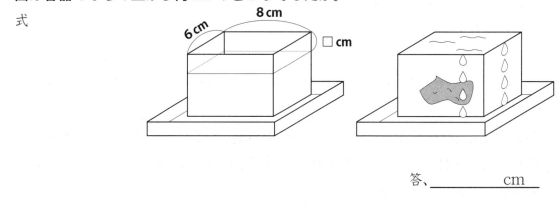

答、＿＿＿＿＿＿＿cm

問題5、下の図のような水の入った直方体の容器（厚さは考えない）に、１６０㎤の石を入れたところ、水がこぼれました。水は何㎤こぼれましたか。

式

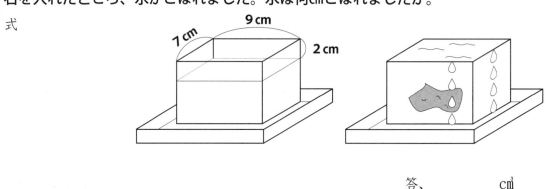

答、＿＿＿＿＿＿＿㎤

不規則な形のものの体積

問題６、右の図のような底面が直角三角形の三角柱
　　の容器（厚さは考えない）に、水４００㎤と石を
　　入れました。石の体積は何㎤ですか。
　　式

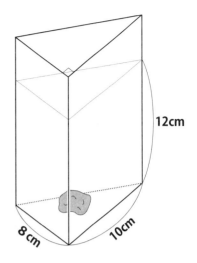

　　　　　　　　　答、＿＿＿＿＿＿＿㎤

問題７、右の図のような、直方体の容器（厚さは考えない）に、
　　1700㎤の水を入れ、さらに石を入れると水の深さが 10cm に
　　なりました。そこに、さらに水を 1080㎤ 足すと、水面は
　　６cm 上がりました。

①、この容器の底面積は何㎠ですか。
　　式

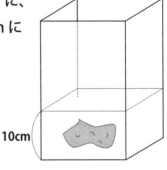

　　　　　　　　　答、＿＿＿＿＿＿＿㎠

②、石の体積は何㎤ですか。
　　式

　　　　　　　　　答、＿＿＿＿＿＿＿㎤

テスト１

テスト１－１、 どこも厚さ１cmの板で作られた直方体・
円柱形の容器の、容積を求めなさい。(各10点)

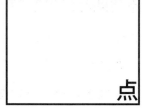

①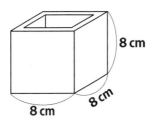

8 cm
8 cm 8 cm

式

答、＿＿＿＿＿＿ cm³

②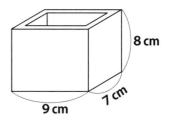

8 cm
9 cm 7 cm

式

答、＿＿＿＿＿＿ cm³

③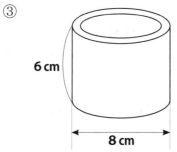

6 cm

8 cm

式

答、＿＿＿＿＿＿ cm³

④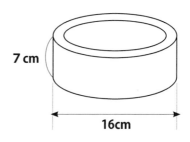

7 cm

16cm

式

答、＿＿＿＿＿＿ cm³

テスト1

テスト1－2、下の図のような、ふちの上から１.５cmのところまで水の入った直方体の容器（厚さは考えない）に、不規則な形をした石を入れたところ、水がこぼれ、その水の体積をはかると６０c㎥でした。このとき、石の体積は何c㎥でしょうか。

(10点)

式

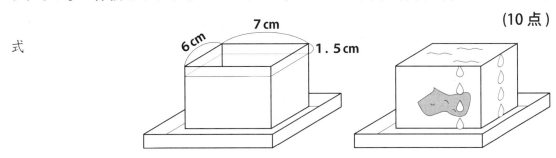

答、＿＿＿＿＿＿＿ c㎥

テスト1－3、下の図のような水の入った直方体の容器（厚さは考えない）に、３４０c㎥の石を入れたところ、水がこぼれ、その水の体積をはかると１００c㎥でした。初め、水面は容器のふちの上から何cmのところでしたか。(10点)

式

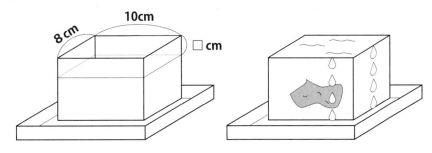

答、＿＿＿＿＿＿＿ cm

テスト1

テスト1-4、下の図のような水の入った直方体の容器（厚さは考えない）に、
180㎤の石を入れたところ、水がこぼれました。水は何㎤こぼれましたか。

(10点)

式

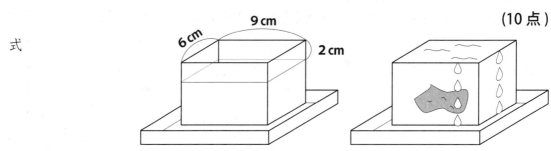

答、＿＿＿＿＿＿＿㎤

テスト1-5、下の図のような底面が直角三角形の三角柱の容器（厚さは考えない）に、
水200㎤と石を入れました。石の体積は何㎤ですか。(10点)

式

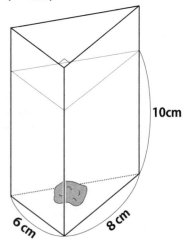

答、＿＿＿＿＿＿＿㎤

テスト1

テスト1−6、右の図のような、直方体の容器（厚さは考えない）に、2100㎤の水を入れ、さらに石を入れると水の深さが15cmになりました。そこに、さらに水を1470㎤足すと、水面は7cm上がりました。

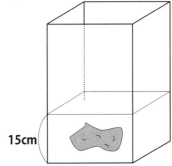

15cm

①、この容器の底面積は何㎠ですか。(10点)

式

答、＿＿＿＿＿＿㎠

②、石の体積は何㎤ですか。(10点)

式

答、＿＿＿＿＿＿㎤

容器をかたむける

例題６、よこ９cm、たて７cm、高さ６cmのふたのしまった直方体の容器（厚さは
　考えない）に、深さ２cmの水が入っています。それをＡＢを軸に右に９０°かた
　むけて［あ］の面が下になるようにしました。この時、水の深さは何cmになるで
　しょう。

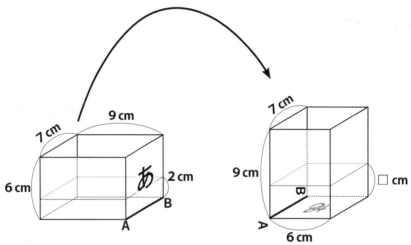

容器をかたむけても、水の体積は変わりません。

水の体積は　　９×７×２＝１２６㎤

かたむけた後は　　６×７×□＝１２６㎤

　　　　　　　　　□＝１２６÷６÷７

　　　　　　　　　　＝３

　　　　　　　　　　　　　　　　　　　　　答、　３cm

「比」を習っている人は、「比」で解くと良いでしょう。

　　体積＝底面積×高さ　　なので

　　かたむける前の底面積×高さ＝かたむけた後の底面積×高さ

これより、底面積と高さは逆比（反比例）の関係になっていることが分かります。

かたむける前と後の底面積の比は　　９×７：６×７＝３：２

かたむける前と後の高さの比はその逆比　　２：３

　　　　　　　　　　　　　　　　　　　　　答、　３cm

容器をかたむける

例題７、下の図のような直方体を組み合わせた形のふたをした容器（厚さは考えない）
に、水が２cm 入っています。

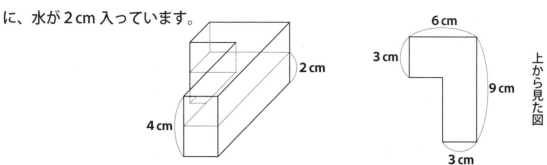

①、容器を、辺ＡＢを軸に右に９０°かたむけて［い］の面が下になるようにしました。
水の深さは何 cm になりますか。

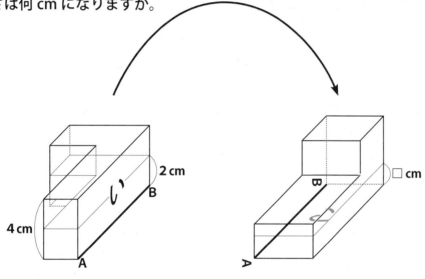

体積は　**底面積×高さ**　ですので、

底面積＝６×３＋３×（９－３）＝３６㎠

水の体積＝３６×２＝７２㎤

かたむけた後の底面積は　４×９＝３６㎠

この時の水の深さは　７２÷３６＝２cm

答、＿＿２cm＿＿

容器をかたむける

②、容器を、辺ＢＣを軸として向いに９０°かたむけて
　　［う］の面が下になるようにしました。水の深さは
　　何 cm になりますか。

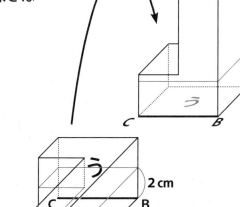

水の体積は７２㎤

かたむけた後の底面積は

　　　底面積＝６×４＝２４㎠

　　　水の深さ＝７２÷２４＝３cm

　　　　　　答、＿＿３cm＿＿

①、②ともに、例題×と同じように比で解いてもかまいません。

元の底面を［あ］、①でかたむけたときの底面を［い］、②でかたむけたときの底面を
［う］とすると

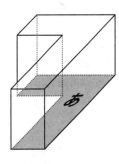

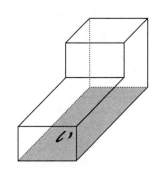

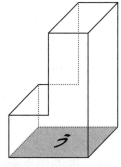

あ＝３６㎠　　　　　　い＝３６㎠　　　　　う＝２４㎠

底面積の比の逆比が高さの比になりますから

①、あ：い＝３６：３６＝１：１　　高さの比は　１：１→２cm÷１×１＝２cm

②、あ：う＝３６：２４＝３：２　　高さの比は　２：３→２cm÷２×３＝３cm

容器をかたむける

例題8、下の図のような直方体を組み合わせた形のふたをした容器（厚さは考えない）に、水が4cm入っています。この容器を、辺ABを軸として右に90°かたむけて[あ]の面が下になるようにしました。水の深さは何cmになりますか。

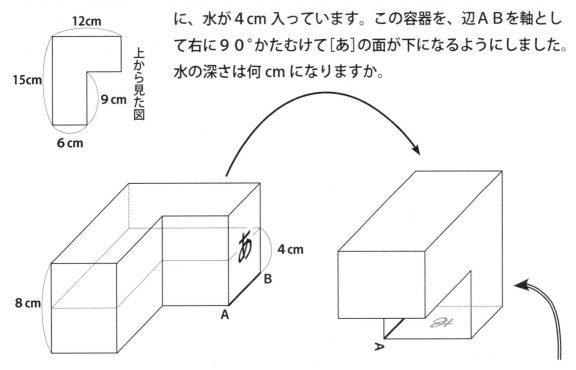

この場合、入っている水の体積は

底面積 ＝６×１５＋（１２－６）×（１５－９）

＝１２６㎠

水の体積＝１２６×４＝５０４㎤

右から見た図

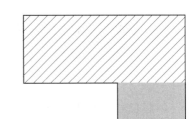

右に９０°かたむけた後の下の部分（右図の ▓ 部分）の体積は

８×６×６＝２８８㎤　　だから、▓ の部分に水は入りきらず、

５０４－２８８＝２１６㎤　　 はそれより上の ▨ の部分にも入ることになります。▨ の部分の底面積は　　８×１５＝１２０㎠

水の深さ＝２１６÷１２０＝１．８cm

全体の水の深さは　　６＋１．８＝７．８cm

答、__７．８cm__

容器をかたむける

例題9、よこ9cm、たて5cm、高さ6cmのふたのしまった直方体の容器（厚さは考えない）に、水が入っています。それを、辺ＡＢを軸として右に４５°かたむけたところ、水面がちょうど辺ＣＤのところにきました。最初水面の深さは何cmだったでしょうか。

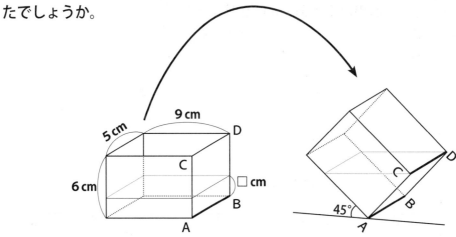

　かたむけた後の形から、水の体積を考えてみましょう。

　かたむけた後の水の部分の形は、底面が直角二等辺三角形の「三角柱」になっています。

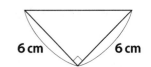

　　　　底面の面積＝６×６÷２＝１８c㎡

　　　　三角柱の体積＝１８×５＝９０c㎥

　かたむける前も、水の体積は変わらないので、かたむける前は

　　　　９×５×□＝９０

　　　　□＝９０÷９÷５＝２

答、　<u>２cm</u>

　比で解くと

　　　　底面積の比＝９×５：６×６÷２＝５：２

　　　　高さの比＝２：５

答、　<u>２cm</u>

容器をかたむける

問題８、水の入っているふたのしまった直方体の容器を、辺ＡＢを軸として右に
９０°かたむけて［あ］の面が下になるようにしました。□の長さを求めなさい。

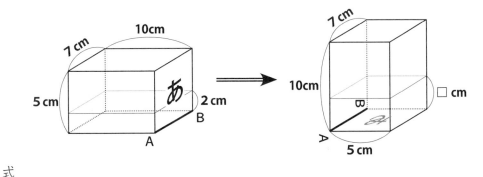

式

答、＿＿＿＿＿＿cm

問題９、下の図のような直方体を組み合わせた形のふたのしまった容器（厚さは考え
ない）に、水が３cm入っています。

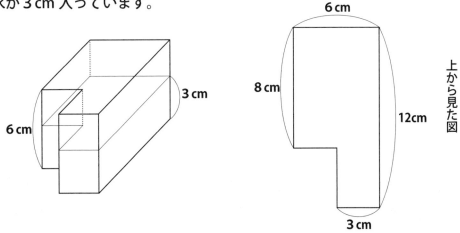

①、容器を、辺ＡＢを軸として右に９０°かたむけて［あ］の面（次ページ図）が下
になるようにしました。水の高さは何cmになりますか。

（図・解答らんは、次のページ）

容器をかたむける

問題９、①　式

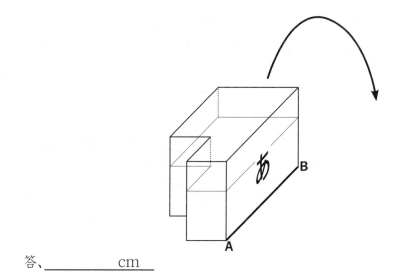

答、＿＿＿＿＿＿cm

② 容器を、辺ＢＣを軸として向いに９０°かたむけて ［い］の面が
下になるようにしました。水の高さは何 cm になりますか。

式

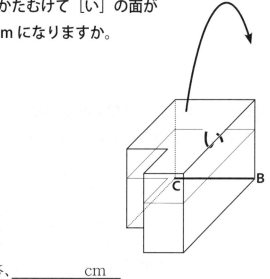

答、＿＿＿＿＿＿cm

問題１０、次ページの図のような、直方体を組み合わせた形のふたのしまった容器（厚
さは考えない）に、水が３cm 入っています。この容器を、辺ＡＢを軸として右に
９０°かたむけて ［あ］の面が下になるようにしました。水の高さは何 cm になり
ますか。

（図・解答らんは、次のページ）

容器をかたむける

問題１０

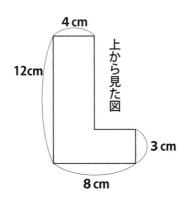

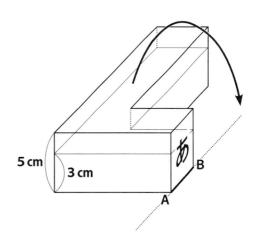

式

答、＿＿＿＿＿＿ cm

問題１１、水の入っているふたのしまった直方体の容器をかたむけました。それぞれ
□の長さを求めなさい。

① 辺ＡＢを軸に４５°かたむけた時、水面がちょうど辺ＣＤまできた。

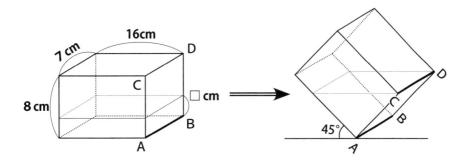

式

答、＿＿＿＿＿＿ cm

容器をかたむける

問題１１

② 辺ＡＢを軸に４５°かたむけた時、水面がちょうど辺ＥＦまできた。

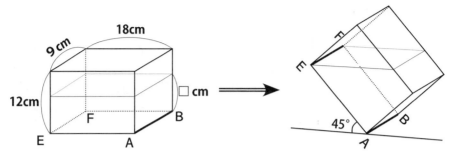

式

答、＿＿＿＿＿＿＿ cm

③ 辺ＡＢを軸にかたむけた。（かたむけた角度はわからない）

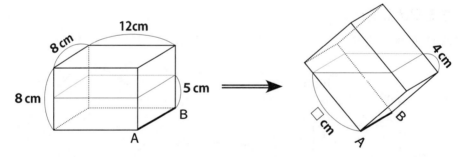

式

答、＿＿＿＿＿＿＿ cm

テスト2

テスト2-1、ふたのしまった直方体の容器（厚さは考えない）に、水が入っています。それぞれ図の□の長さを求めましょう。

点

① ＡＢを軸に右に９０°かたむけて［あ］の面が下になるようにした。（13点）

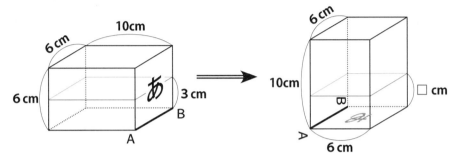

式

答、＿＿＿＿＿＿＿cm

② 辺ＡＢを軸に４５°かたむけた時、水面がちょうど辺ＣＤまできた。（12点）

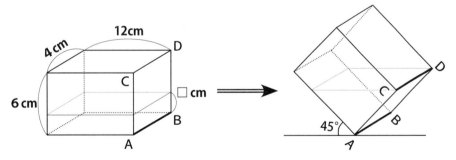

式

答、＿＿＿＿＿＿＿cm

テスト2

③　辺ＡＢを軸に４５°かたむけた時、水面がちょうど辺ＥＦまできた。（12点）

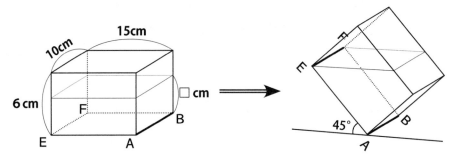

式

答、＿＿＿＿＿＿　cm

④　辺ＡＢを軸にかたむけた。（かたむけた角度はわからない）（13点）

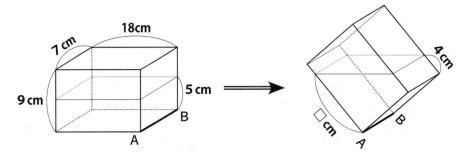

式

答、＿＿＿＿＿＿　cm

テスト2

テスト2-2、下の図のような直方体を組み合わせた形のふたのしまった容器（厚さは考えない）に、水が1cm入っています。

2 cm

10cm

上から見た図

4 cm

3 cm

1 cm

6 cm

①、この容器を、辺ABを軸として手前に９０°かたむけて［あ］の面が下になるようにしました。水の深さは何 cm になりますか。(12点)

式

答、＿＿＿＿＿＿ cm

②、この容器を、辺BCを軸として右に９０°かたむけて［い］の面が下になるようにしました。水の深さは何 cm になりますか。(12点)

式

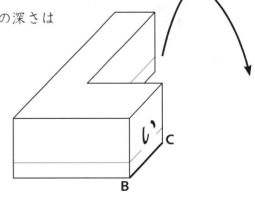

答、＿＿＿＿＿＿ cm

③、この容器を、辺ＤＥを軸として向いに９０°かたむけて［う］の
面が下になるようにしました。水の深さは何cmになりますか。

(13点)

式

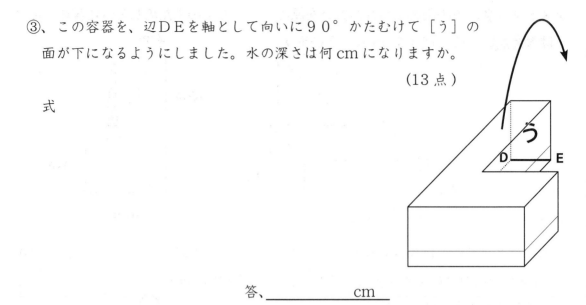

答、＿＿＿＿＿＿cm

テスト２−３、下の図のような直方体を組み合わせた形の容器（厚さは考えない）に、
水が４cm入っています。この容器を、辺ＡＢを軸として手前に９０°かたむけて［あ］
の面が下になるようにしました。水の深さは何cmになりますか。(13点)

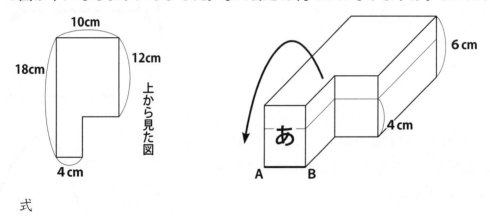

式

答、＿＿＿＿＿cm

容器と水と物体

例題１０、よこ８cm、たて６cm、高さ６cm の直方体の容器（厚さは考えない）に、よこ１cm、たて１cm、高さ 10cm の四角柱がまっすぐに立ててあります。この容器に４cm の高さまで水が入っています。水の体積は何㎤ですか。

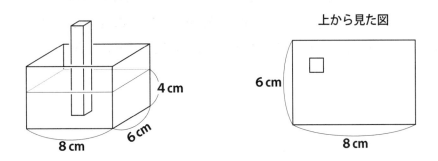

上から見た図

解法１：水は四角柱の部分には入りませんから、四角柱の部分の体積だけ引けば良いことになります。（これでもちろん正しい答えは出ますが、後のことを考えると、次の解法２の考え方が必要になります）

　もし四角柱がなければ、水の体積は　　８×６×４＝１９２㎤

　四角柱の、水につかっている部分の体積は　　１×１×４＝４㎤

　実際の水の体積は　　１９２−４＝１８８㎤

答、＿＿１８８㎤＿＿

解法２：水は四角柱の部分には入りませんから、底面積が四角柱の部分だけせまい容器に水が入ると考えます。

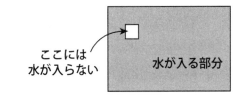

　底面積は　　８×６−１×１＝４７㎠

　水の体積は　　４７×４＝１８８㎤

答、＿＿１８８㎤＿＿

容器と水と物体

今後の発展を考えて、**解法2**の方法で解くようにしましょう。

例題11、 よこ9cm、たて7cm、高さ8cmの直方体の容器（厚さは考えない）に、よこ2cm、たて2cm、高さ12cmの四角柱がまっすぐに立ててあります。この容器に5cmの高さまで水が入っています。水の体積は何cm³ですか。

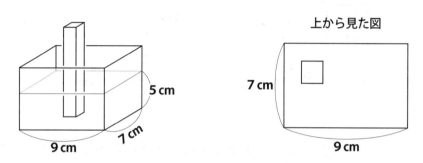

上から見た図

水は四角柱の部分には入らないから、底面積が四角柱の部分だけせまい容器に水が入ると考えます。次のにあてはまる数字を書きましょう。

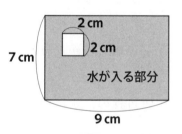

2cm
2cm
水が入る部分
9cm

式　底面積：_____cm ×_____cm −_____cm ×_____cm

　　　　　＝ _____cm²

　　水の体積：_____cm² ×_____cm

　　　　　＝_____cm³

　　　　　　　　　　　　　　　　答、_____cm³

容器と水と物体

例題１１の解答

式　底面積：　　９　cm×　７　cm −　２　cm×　２　cm

　　　　　＝　　５９　㎠

　　水の体積：　　５９　㎠×　５　cm

　　　　　＝　　２９５　㎤

答、　　２９５　㎤

問題１２、よこ 10cm、たて８cm、高さ８cm の直方体の容器（厚さは考えない）に、よこ２cm、たて２cm、高さ 12cm の四角柱がまっすぐに立ててあります。この容器に５cm の高さまで水が入っています。水の体積は何㎤ですか。

式

答、＿＿＿＿＿＿㎤

問題１３、よこ 15cm、たて９cm、高さ７cm の直方体の容器（厚さは考えない）に、図のような三角柱がまっすぐに立ててあります。この容器に４cm の高さまで水が入っています。水の体積は何㎤ですか。

式

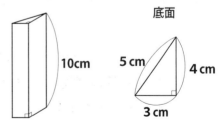

答、＿＿＿＿＿＿㎤

容器と水と物体

問題１４、半径 10cm、高さ８cm の円柱形の容器（厚さは考えない）に、半径
２cm、高さ 10cm の円柱がまっすぐに立ててあります。この容器に６cm の高さま
で水が入っています。水の体積は何㎤ですか。

式

答、＿＿＿＿＿＿＿＿＿㎤

例題１２、よこ８cm、たて６cm、高さ５cm の直方体の容器（厚さは考えない）に、
よこ１cm、たて１cm、高さ８cm の四角柱がまっすぐに立ててあります。この容
器に１４１㎤の水をそそぐと、水は何 cm の高さまで入りますか。

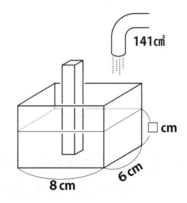

例題１０の逆の考え方です。例題１０の解法２を応用して解きましょう。

この容器の水の入る部分の底面積は　８×６−１×１＝４７㎠　です。

体積は　**底面積×高さ**　で求められますから、高さを□cm とすると

　　４７×□＝１４１　という式がたてられます。

したがって□cm は　□＝１４１÷４７＝３cm

答、＿＿３＿cm＿

容器と水と物体

問題１５、よこ９cm、たて６cm、高さ６cm の直方体の容器（厚さは考えない）に、よこ２cm、たて２cm、高さ９cm の四角柱がまっすぐに立ててあります。この容器に２５０㎤の水をそそぐと、水は何 cm の高さまで入りますか。

式

答、＿＿＿＿＿＿＿ cm

問題１６、よこ 15cm、たて 10cm、高さ９cm の直方体の容器（厚さは考えない）に、図のような三角柱がまっすぐに立ててあります。この容器に５７６㎤の水をそそぐと、水は何 cm の高さまで入りますか。

式

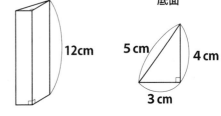

答、＿＿＿＿＿＿＿ cm

容器と水と物体

例題１３、よこ８cm、たて６cm、高さ１０cm
の直方体の容器（厚さは考えない）に、水
が深さ７cm入っています。その容器によこ
３cm、たて２cm、高さ１０cmの四角柱を
底まで入れました。この時、水の深さは何
cmになりますか。

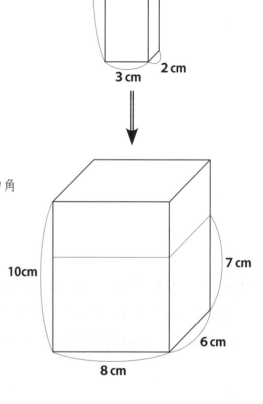

まず、入っている水の体積を求めます。

水の体積：８×６×７＝３３６㎤

ここに四角柱を底まで入れると、ちょうど四角
柱の部分だけ水が入らないことになります。

上から見た図

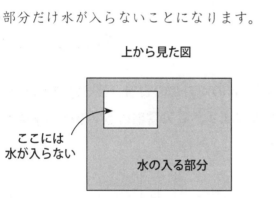

ここには
水が入らない

水の入る部分

体積＝底面積×高さ ですから、上図「水の入る部分の面積×水の深さ」が「水
の体積」と等しくなります。

「水の入る部分」の面積： ８×６－３×２＝４２㎠

水の深さを□cmとすると

水の体積： ４２×□＝３３６

□＝３３６÷４２＝８cm

答、　８　cm

容器と水と物体

別解　比で解く

体積＝底面積×高さ　で、体積が等しい場合、底面積の比と高さの比は逆比の関係でしたね。

この問題の場合、水の体積は四角柱を入れる前と後とでは変化がありませんから、四角柱を入れる前と入れた後の底面積の比と高さの比は、逆比の関係になります。

四角柱を入れる前の底面積：入れた後の（水の入る部分の）底面積
$$= 8 \times 6 : 8 \times 6 - 3 \times 2$$
$$= 48 : 42 = 8 : 7$$

したがって、四角柱を入れる前と入れた後の水の深さの比は　7：8　となります。
四角柱を入れる前の水の深さは7cmですから

7：8＝7cm：□cm　　　□cm＝8

答、__8__cm

問題１７、よこ１８cm、たて１０cm、高さ１１cmの直方体の容器（厚さは考えない）に、水が深さ９.５cm入っています。その容器によこ３cm、たて３cm、高さ１２cmの四角柱を底まで入れました。この時、水の深さは何cmになりますか。

式

答、_____cm

容器と水と物体

例題１４、よこ１２cm、たて９cm、高さ９cm の直方体の容器（厚さは考えない）に、よこ３cm、たて４cm、高さ９cm の直方体の物体Ａが［あ］の面を下にして入っています。この容器に水を入れると、水の深さが１.５cm になりました。

次に、水の体積は変えないで、物体Ａを右にたおし、［い］の面が下になるようにしました。この時、水の深さは何 cm になりますか。

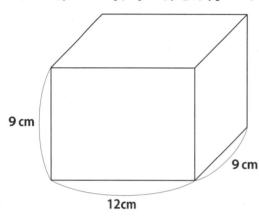

物体Ａ

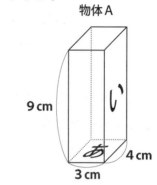

まず、入っている水の量を求めます。体積＝底面積×高さ。底面積は容器の底面積から物体Ａの［あ］の面を引いたものです。

底面積：　１２×９－３×４＝９６c㎡

水の体積：９６×１.５＝１４４c㎥

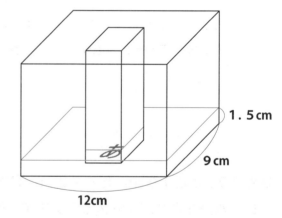

次に、［い］の面を下にしたので、この時の底面積は

　　１２×９－９×４＝７２c㎡

ここに１４４c㎥の水が入っているので、水の深さは

　　１４４÷７２＝２cm

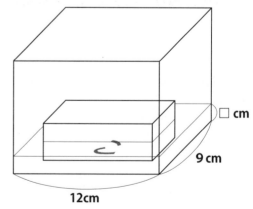

答、＿＿＿２＿＿cm＿＿

容器と水と物体

別解　比で解く　これも底面積の比で考えましょう

［あ］の面が底についている時の、容器の（水の入る部分の）底面積は
　　　１２×９－３×４＝９６
［い］の面が底についている時の、容器の（水の入る部分の）底面積は
　　　１２×９－９×４＝７２
この比は　９６：７２＝４：３
したがって、水の深さの比はこの逆比の　３：４　になる。
　　　３：４＝１.５：□　　□＝２

答、＿＿＿２＿＿cm

問題１８、よこ２０ｍ、たて１２ｃｍ、高さ１０ｃｍの直方体の容器（厚さは考えない）
　に、よこ５ｃｍ、たて８ｃｍ、高さ１０ｃｍの直方体の物体Ａが［あ］の面を下にして入っ
　ています。この容器に水を入れると、水の深さが４ｃｍになりました。
　　次に、水の体積は変えないで、物体Ａを右にたおし、［い］
　の面が下になるようにしました。この時、水の深さは何ｃｍ
　になりますか。

物体Ａ

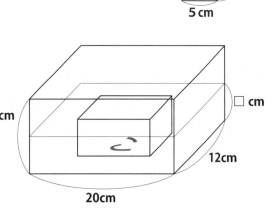

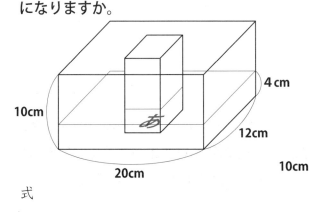

式

答、＿＿＿＿＿cm

テスト3 （各 20 点）

点

テスト3－1、よこ 11cm、たて 10cm、高さ６cm の直方体の
容器（厚さは考えない）に、よこ３cm、たて２cm、高さ
10cm の四角柱がまっすぐに立ててあります。この容器に
３cm の高さまで水が入っています。水の体積は何㎤ですか。

式

答、＿＿＿＿＿＿ ㎤

テスト3－2、よこ 20cm、たて 15cm、高さ 10cm の直方体の容器（厚さは考えない）に、
図のような三角柱がまっすぐに立ててあります。この容器に６cm の高さまで水が
入っています。水の体積は何㎤ですか。

式

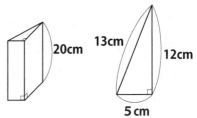

底面

20cm　13cm　12cm

5 cm

答、＿＿＿＿＿＿ ㎤

テスト3－3、よこ１６cm、たて９cm、高さ１２cm の直方体の容器（厚さは考え
ない）に、よこ３cm、たて４cm、高さ１１cm の四角柱がまっすぐに立ててあり
ます。この容器に１０５６㎤の水をそそぐと、水は何 cm の高さまで入りますか。

式

答、＿＿＿＿＿＿ cm

テスト３

テスト３－４、よこ２０cm、たて１２cm、高さ１１cmの直方体の容器（厚さは考えない）に、水が深さ７cm入っています。その容器によこ４cm、たて４cm、高さ１０cmの四角柱を底まで入れました。この時、水の深さは何cmになりますか。

式

答、＿＿＿＿＿cm

テスト３－５、よこ１８m、たて１０cm、高さ８cmの直方体の容器（厚さは考えない）に、よこ４cm、たて５cm、高さ８cmの直方体の物体Ａが［あ］の面を下にして入っています。この容器に水を入れると、水の深さが３.５cmになりました。

次に、水の体積は変えないで、物体Ａを右にたおし、［い］の面が下になるようにしました。この時、水の深さは何cmになりますか。

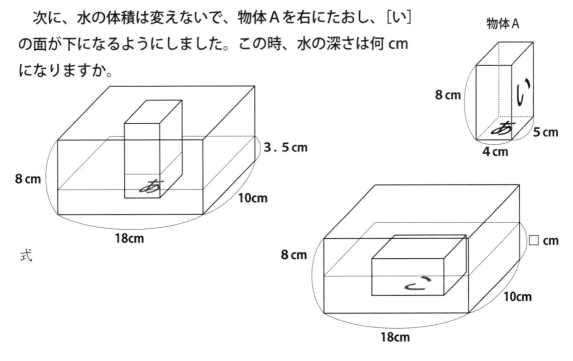

式

答、＿＿＿＿＿cm

応用問題

応用問題１、よこ１１cm、たて９cm、高さ１２cm の直方体の容器（厚さは考えない）に、よこ４cm、たて３cm、高さ５cm の四角柱を底まで入っています。この容器に水を７３２㎤入れた時、水の深さは何 cm になりますか。

式

答、＿＿＿＿＿＿cm

応用問題２、よこ１５m、たて１０cm、高さ２０cm の直方体の容器（厚さは考えない）に、一辺が４cm の立方体と一辺が３cm の立方体をつみかさねたものが入っています。ここに水を１７０９㎤入れた時、水の深さは何 cm になりますか。

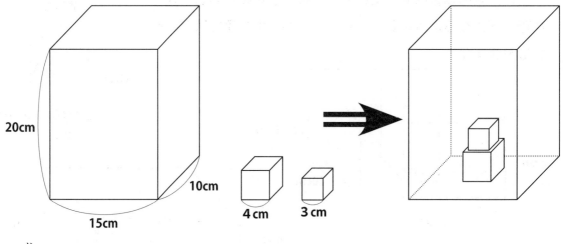

20cm

15cm
10cm

4 cm
3 cm

式

答、＿＿＿＿＿＿cm

応用問題

応用問題３、図のようなふたをした容器（厚さは考えない）に、水が入っています。
　この容器を辺ＡＢが床につくようにして４５°かたむけると、水面がちょうど辺
　ＣＤにかさなり、［あ］と［い］の水面は同じ高さになりました。最初、水の深さ
　は何 cm でしたか。

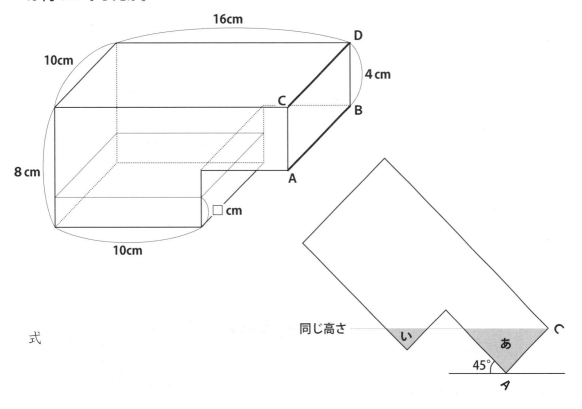

式

答、＿＿＿＿＿＿ cm

応用問題

応用問題４、よこ１２cm、たて１０cm、高さ８cm のふたをした容器（厚さは考えない）に、図のような物体Ｘが沈んでいます。この時、水の深さは４cm です。この容器を辺ＡＢを軸として［あ］の面が下になるように９０°かたむけると、物体Ｘの［い］の面が容器の［あ］の面にぴったりくっつきました。この時、水の深さは何 cm になりますか。

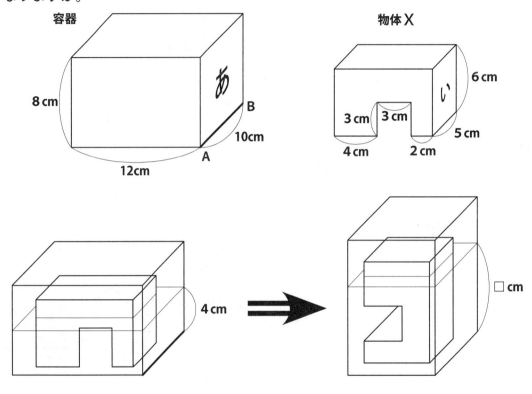

式

答、＿＿＿＿＿cm

解答 　解き方は一例です

P 5
問題1

① $(6-2)×(6-2)×(6-1)=80$　　　　①、<u>　80㎤</u>

② $(8-2)×(7-2)×(6-1)=150$　　　　②、<u>150㎤</u>

③ $(10-2)÷2=4$…半径
　$4×4×3.14=50.24$…底面積
　$50.24×(8-1)=351.68$㎤　　　　③、<u>351.68㎤</u>

④ $(14-2)÷2=6$…半径
　$6×6×3.14×(5-1)=452.16$　　　　④、<u>452.16㎤</u>

P 7
問題2　$9×7×3=189$　　　　　　　　　　<u>189㎤</u>

P 8
問題3　$9×8×2+60=204$　　　　　　　　<u>204㎤</u>

問題4　$164-20=144$…容器の空いている部分の容積
　　　　$144÷(8×6)=3$　　　　　　　　　<u>3cm</u>

問題5　$9×7×2=126$…容器の空いている部分の容積
　　　　$160-126=34$　　　　　　　　　　<u>34㎤</u>

P 9
問題6　$8×10÷2×12=480$
　　　　$480-400=80$　　　　　　　　　　<u>80㎤</u>

問題7

① $1080÷6=180$　　　　　　　　　①、<u>180㎠</u>

② $180×10-1700=100$　　　　　　②、<u>100㎤</u>

P 10
テスト1-1

① $(8-2)×(8-2)×(8-1)=252$　　　　①、<u>252㎤</u>

解　答　解き方は一例です

テスト1－1

② $(9-2)\times(7-2)\times(8-1)=245$　　　　②、<u>245㎤</u>

③ $(8-2)\div2=3$
$3\times3\times3.14\times(6-1)=141.3$　　　③、<u>141.3㎤</u>

④ $(16-2)\div2=7$
$7\times7\times3.14\times(7-1)=923.16$　　④、<u>923.16㎤</u>

テスト1－2　$7\times6\times1.5+60=123$　　　　　　<u>123㎤</u>

テスト1－3　$340-100=240$
$240\div(10\times8)=3$　　　　　　<u>3cm</u>

テスト1－4　$180-9\times6\times2=72$　　　　　<u>72㎤</u>

テスト1－5　$6\times8\div2\times10=240$
$240-200=40$　　　　　　<u>40㎤</u>

テスト1－6

① $1470\div7=210$　　　　　　　　　①、<u>210㎠</u>

② $210\times15=3150$
$3150-2100=1050$　　　　　　②、<u>1050㎤</u>

問題8　$10\times7\times2=140$
$140\div(5\times7)=4$　　　　　　<u>4cm</u>
別解　底面積の比　$10\times7:5\times7=2:1$
水の深さの比　$1:2=2cm:\square cm$　$\square=4$　　　<u>4cm</u>

問題9

① $6\times8+3\times(12-8)=60$…底面積
$60\times3=180$…水の体積
$6\times12=72$…［あ］の面積

解 答   解き方は一例です

P19
問題9　①の続き

$180 \div 72 = 2.5$

①、__2.5cm__

別解　底面積の比　$60:72 = 5:6$

　　　水の深さの比　$6:5 = 3cm:\square cm$

　　　$\square = 5 \times 3 \div 6 = 2.5$

①、__2.5cm__

② 　$6 \times 6 = 36 \cdots$［い］の面積

　　$180 \div 36 = 5$

②、__5cm__

別解　底面積の比　$60:36 = 5:3$

　　　水の深さの比　$3:5 = 3cm:\square cm$　$\square = 5$

②、__5cm__

P20

問題10
$8 \times 3 + 4 \times (12-3) = 60 \cdots$底面積

$60 \times 3 = 180 \cdots$水の体積

右に90°かたむけた後の下の部分（右図の▨部分）

の体積は　$5 \times 3 \times 4 = 60 \text{cm}^3$　だから、▨の

部分に水は入りきらず、　$180 - 60 = 120 \text{cm}^3$

は上の▨の部分にも入る。▨の部分の底面積は　$5 \times 12 = 60 \text{cm}^3$

$120 \div 60 = 2 \cdots 2cm$上に出る。

$4 + 2 = 6$

__6cm__

問題10

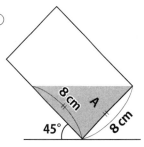

P21

問題11

① 　$8 \times 8 \div 2 \times 7 = 224$

　　$16 \times 7 \times \square = 224$

　　$\square = 224 \div (16 \times 7) = 2$

①、__2cm__

別解　右図［A］の面積と［B］の面積は等しい。

　　　$8 \times 8 \div 2 = 16 \times \square$

　　　　　$32 = 16 \times \square$

　　　　　　　$\square = 32 \div 16 = 2$

①、__2cm__

問題11　①

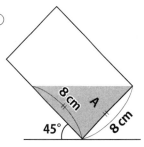

P22

② 　$18 - 12 = 6 \cdots$右図Cの長さ

　　$(6+18) \times 12 \div 2 = 144 \cdots$［D］の面積

　　$144 \times 9 = 1296 \cdots$水の体積

　　$1296 \div (18 \times 9) = 8$

②、__8cm__

別解　右図［D］の面積と［E］の面積は等しい。

　　　$144 = 18 \times \square$

　　　$\square = 144 \div 18 = 8$

②、__8cm__

問題11　②

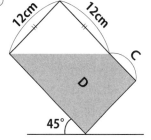

解 答 解き方は一例です

P22
問題11

③　12×8×5＝480…水の体積

(4+□)×8÷2×8＝480　　(4+□)＝480÷8×2÷8＝15

□＝15−4＝11　　　　　③、__11cm__

別解　[F] の部分と [G] の部分の面積は等しい。

12×5＝(4+□)×8÷2

60＝(4+□)×4

□＝11　　　　　③、__11cm__

問題 11　③

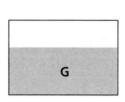

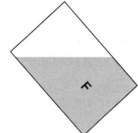

P23
テスト2−1

①　10×6×3＝180

180÷(6×6)＝5　　　　①、__5cm__

別解　底面積の比　10×6：6×6＝5：3

水の深さの比　3：5　　□＝5　　①、__5cm__

②　6×6÷2×4＝72

72÷(12×4)＝1.5　　　②、__1.5cm__

別解　右図「A」の面積と「B」の面積は等しい。

6×6÷2＝12×□

18＝12×□

□＝18÷12＝1.5　　②、__1.5cm__

テスト 2-1　②

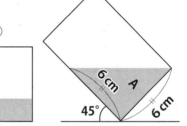

P24

③　15−6＝9…右図Cの長さ

(9+15)×6÷2＝72…[D] の面積

72×10＝720…水の体積

720÷(15×10)＝4.8

③、__4.8cm__

別解　右図「D」の面積と「E」の面積は等しい。

72＝15×□

□＝72÷15＝4.8　　③、__4.8cm__

テスト 2-1　③

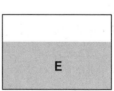

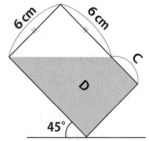

④　18×7×5＝630…水の体積

(4+□)×9÷2×7＝630　　(4+□)＝630÷9×2÷7＝20

□＝20−4＝16　　　④、__16cm__

解 答　解き方は一例です

P24

テスト2-1　④

別解　［F］の部分と［G］の部分の面積は等しい。

$18×5＝(4＋□)×9÷2$

$90＝(4＋□)×9÷2$

$4＋□＝90÷9×2＝20$

$□＝20-4＝16$　　④、__16cm__

テスト 2-1　④

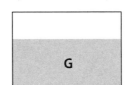

P25

テスト2-2

① $6×4+2×(10-4)＝36$

$36×1＝36$…水の体積

$36÷(6×3)＝2$　　　　①、__2cm__

別解　底面積の比　$36:18＝2:1$

水の深さの比　$1:2$　　□＝2　　①、__2cm__

② $36÷(4×3)＝3$　　　　②、__3cm__

別解　底面積の比　$36:12＝3:1$

水の深さの比　$1:3$　　□＝3　　②、__3cm__

P26

③ $36÷(2×3)＝6$　　　　③、__6cm__

別解　底面積の比　$36:6＝6:1$

水の深さの比　$1:6$　　□＝6　　③、__6cm__

テスト2-3

$10×12+4×(18-12)＝144$

$144×4＝576$…水の体積

向かいに90°かたむけた後の下の部分（右図の▨部分）の体積は

$4×6×6＝144cm³$　　だから、▨の部分に水は入りきらず、

$576-144＝432cm³$　は上の▨の部分にも入る。▨部分の底面積は

$10×6＝60cm³$　　　$432÷60＝7.2$…7.2cm上に出る

$6+7.2＝13.2$　　　　　　　　__13.2cm__

テスト 2-3

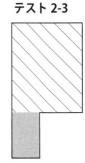

P29

問題12

$10×8-2×2＝76$…水の入る部分の底面積

$76×5＝380$　　　　　　　　__380cm³__

解答　　解き方は一例です

P29
問題13

$15 \times 9 - 3 \times 4 \div 2 = 129 \cdots$水の入る部分の底面積

$129 \times 4 = 516$

<u>516cm³</u>

P30
問題14

$10 \times 10 \times 3.14 - 2 \times 2 \times 3.14 = 301.44 \cdots$水の入る部分の底面積

$301.44 \times 6 = 1808.64$

<u>**1808.64cm³**</u>

P31
問題15

$9 \times 6 - 2 \times 2 = 50 \cdots$水の入る部分の底面積

$250 \div 50 = 5$

<u>5cm</u>

問題16

$15 \times 10 - 3 \times 4 \div 2 = 144 \cdots$水の入る部分の底面積

$576 \div 144 = 4$

<u>4cm</u>

P33
問題17

$18 \times 10 \times 9.5 = 1710 \cdots$水の体積

$18 \times 10 - 3 \times 3 = 171 \cdots$水の入る部分の底面積

$1710 \div 171 = 10$

<u>10cm</u>

別解　底面積の比　　$18 \times 10 : 18 \times 10 - 3 \times 3$

$= 180 : 171 = 20 : 19$

水の深さの比　$19 : 20 = 9.5 : \square$

$\square = 9.5 \times 20 \div 19 = 10$

<u>10cm</u>

P35
問題18

$20 \times 12 - 5 \times 8 = 200 \cdots$［あ］が下の時の水の入る部分の底面積

$200 \times 4 = 800 \cdots$水の体積

$20 \times 12 - 10 \times 8 = 160 \cdots$［い］が下の時の水の入る部分の底面積

$800 \div 160 = 5$

<u>5cm</u>

別解　底面積の比　　$200 : 160 = 5 : 4$

水の深さの比　$4 : 5$　$\square = 5$

<u>5cm</u>

解 答 解き方は一例です

P36

テスト3－1

$(11 \times 10 - 3 \times 2) \times 3 = 312$ <u>312㎤</u>

テスト3－2

$(20 \times 15 - 5 \times 12 \div 2) \times 6 = 1620$ <u>1620㎤</u>

テスト3－3

$16 \times 9 - 3 \times 4 = 132$ …水の入る部分の底面積

$1056 \div 132 = 8$ <u>8cm</u>

P37

テスト3－4

$20 \times 12 \times 7 = 1680$ …水の体積

$20 \times 12 - 4 \times 4 = 224$ …水の入る部分の底面積

$1680 \div 224 = 7.5$ <u>7.5cm</u>

別解　底面積の比　　$20 \times 12 : 20 \times 12 - 4 \times 4$

　　　　　　　　$= 240 : 224 = 15 : 14$

　　水の深さの比　$14 : 15 = 7 : \square$

　　　　　　　　$\square = 7 \times 15 \div 14 = 7.5$ <u>7.5cm</u>

テスト3－5

$18 \times 10 - 4 \times 5 = 160$ …［あ］が下の時の水の入る部分の底面積

$160 \times 3.5 = 560$ …水の体積

$18 \times 10 - 8 \times 5 = 140$ …［い］が下の時の水の入る部分の底面積

$560 \div 140 = 4$ <u>4cm</u>

別解　底面積の比　　$160 : 140 = 8 : 7$

　　水の深さの比　$7 : 8 = 3.5 : \square$

　　　　　　　　$\square = 3.5 \times 8 \div 7 = 4$ <u>4cm</u>

P38

応用問題1

$11 \times 9 - 4 \times 3 = 87$ …水の入る部分の底面積

$732 \div 87 = 8.41……$ …水の深さ←入っている四角柱の高さを超えている。

下から5cmまでは、底面積が87㎠だが、それを超えると四角柱はないので、下から5cmを超える部分の水の入る部分の底面積は　$11 \times 9 = 99$㎠　で計算しなければならない。

解　答　解き方は一例です

P38　応用問題1の続き

　　87×5＝435…下から5cmまでに入る水の体積

　　732−435＝297…下から5cmを超えて入る水の体積

　　297÷（11×9）＝3…下から5cmを超えて入る水の深さ

　　5＋3＝8　　　　　　　　　　　　　　　　　　　　　　　　　　　　<u>　8cm　</u>

応用問題1

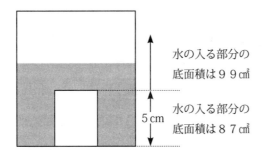

水の入る部分の
底面積は99㎠

5cm

水の入る部分の
底面積は87㎠

P38
応用問題2

　応用問題1と同じく、積んだ立方体よりも上にまで水が入ります。

　　15×10−4×4＝134…［ア］の、水の入る部分の底面積

　　134×4＝536…［ア］の、水の体積

　　15×10−3×3＝141…［イ］の、水の入る部分の底面積

　　141×3＝423…［イ］の、水の体積

　　1709−（536＋423）＝750…［ウ］の部分に入る水の体積

　　750÷（15×10）＝5…［ウ］の部分の水の深さ

　　4＋3＋5＝12　　　　　　　　　　　　　　　　　　　　　　<u>　12cm　</u>

応用問題2

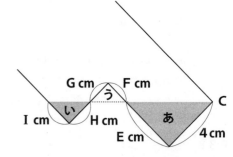

ウ
イ
ア
3cm
4cm

P39
応用問題3

　［あ］［い］［う］は全て直角二等辺三角形となります。

　　E＝4cm　　F＝6−4＝2cm　　　G＝2cm

　　H＝4−2＝2cm　　　I＝2cm

　　あ＝4×4÷2＝8㎠　　　8×10＝80㎠

　　い＝2×2÷2＝2㎠　　　2×10＝20㎠

　　80＋20＝100㎠

　　10×10×□＝100　　　□＝1　　　　　　　<u>　1cm　</u>

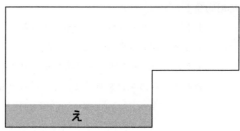

G cm　F cm
う
い
C
I cm　H cm
E cm
あ
4cm

え

　別解　［あ］の面積＋［い］の面積＝［え］の面積

　　4×4÷2＋2×2÷2＝10×□

　　　　　　　　　10＝10×□

　　　　　　　　　　□＝1　　　　　　　　　　　　<u>　1cm　</u>

解 答　解き方は一例です

応用問題４

　　１２×１０×４＝４８０…水と、物体Ｘの水につかっている部分との、合計の体積

　　４×４＋３×１＋２×４＝２７…下図［う］の面積

　　２７×５＝１３５…物体Ｘの水につかっている部分の体積

　　４８０－１３５＝３４５…水の体積

　　８×１０－６×５＝５０…容器の［あ］の面が下になった時の、
　　　　　　　　　　　　　　深さ０〜２cm（［え］の部分）の水の入る部分の面積

　　５０×２＝１００…右図［え］の部分に入る水の体積

　　８×１０－３×５＝６５…容器の［あ］の面が下になった時の、
　　　　　　　　　　　　　　深さ２〜５cm（［お］の部分）の水の入る部分の面積

　　６５×３＝１９５右図…［お］の部分に入る水の体積

　　３４５－１００－１９５＝５０…深さ５cmより上（［お］の部分）に入る水の体積

　　８×１０－６×５＝５０…［か］の部分に水の入る部分の面積

　　５０㎤÷５０㎠＝１…［か］の部分の水の深さ（△）

　　２＋３＋１＝６cm　　　　　　　　　　　　　　　　<u>　6cm　</u>

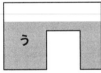

物体Ｘ

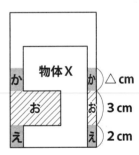

M.acceess 学びの理念

☆**学びたいという気持ちが大切です**
勉強を強制されていると感じているのではなく、心から学びたいと思っていることが、子どもを伸ばします。

☆**意味を理解し納得する事が学びです**
たとえば、公式を丸暗記して当てはめて解くのは正しい姿勢ではありません。意味を理解し納得するまで考えることが本当の学習です。

☆**学びには生きた経験が必要です**
家の手伝い、スポーツ、友人関係、近所付き合いや学校生活もしっかりできて、「学び」の姿勢は育ちます。
生きた経験を伴いながら、学びたいという心を持ち、意味を理解、納得する学習をすれば、負担を感じるほどの多くの問題をこなさずとも、子どもたちはそれぞれの目標を達成することができます。

発刊のことば

「生きてゆく」ということは、道のない道を歩いて行くようなものです。「答」のない問題を解くようなものです。今まで人はみんなそれぞれ道のない道を歩き、「答」のない問題を解いてきました。

子どもたちの未来にも、定まった「答」はありません。もちろん「解き方」や「公式」もありません。

私たちの後を継いで世界の明日を支えてゆく彼らにもっとも必要な、そして今、社会でもっとも求められている力は、この「解き方」も「公式」も「答」すらもない問題を解いてゆく力ではないでしょうか。

人間のはるかに及ばない、素晴らしい速さで計算を行うコンピューターでさえ、「解き方」のない問題を解く力はありません。特にこれからの人間に求められているのは、「解き方」も「公式」も「答」もない問題を解いてゆく力であると、私たちは確信しています。

M.access の教材が、これからの社会を支え、新しい世界を創造してゆく子どもたちの成長に、少しでも役立つことを願ってやみません。

思考力算数練習帳シリーズ
シリーズ47　体積下　容積　（小数範囲）

初版　第2刷
編集者　M.access（エム・アクセス）
発行所　株式会社　認知工学
〒604―8155　京都市中京区錦小路烏丸西入ル占出山町308
電話　（075）256―7723　email：ninchi@sch.jp
郵便振替　01080―9―19362　株式会社認知工学

ISBN978-4-86712-047-7　C-6341　　　A470222B　M

定価＝ 本体500円 ＋税